自然保护与国家公园

撰文/白梅玲　　　审订/郭城孟

中国盲文出版社

怎样使用《新视野学习百科》?

> 请带着好奇、快乐的心情，展开一趟丰富、有趣的学习旅程！

1 开始正式进入本书之前，请先戴上神奇的思考帽，从书名想一想，这本书可能会说些什么呢？

2 神奇的思考帽一共有6项，每次戴上一顶，并根据帽子下的指示来动动脑。

3 接下来，进入目录，浏览一下，看看这本书的结构是什么，可以帮助你建立整体的概念。

4 现在，开始正式进行这本书的探索啰！本书共14个单元，循序渐进，系统地说明本书主要知识。

5 英语关键词：选取在日常生活中实用的相关英语单词，让你随时可以秀一下，也可以帮助上网找资料。

6 新视野学习单：各式各样的题目设计，帮助加深学习效果。

7 我想知道……：这本书也可以倒过来读呢！你可以从最后这个单元的各种问题，来学习本书的各种知识，让阅读和学习更有变化！

神奇的思考帽

客观地想一想

用直觉想一想

想一想优点

想一想缺点

想得越有创意越好

综合起来想一想

? 你知道哪些濒临绝种的动物或植物？

? 你最希望去哪一座国家公园？

? 生物种类多样，对于人类有什么好处？

? 为什么有许多生物面临生存威胁？

? 地球上可不可能只剩下人类？

? 我们要如何保护大自然呢？

目录

■神奇的思考帽

CONTENTS

■专栏

自然保护的历史

（美国作家、哲学家，《瓦尔登湖》作者亨利·梭罗，图片提供/维基百科）

自然保护是当前国际关注的焦点，身为自然界一分子的人类，如何与自然和谐互动，自古即是许多文化里不可或缺的一部分。

 ## 传统社会的自然保护观念

在早期社会里，人类生存在变化多端的大自然中，必须依靠自然资源为生，因此很容易对自然产生敬畏的心理，并且形成顺应自然的传统，这可以说是最早的自然保护概念。这些对待自然的态度，大多是信仰、传说和禁忌，例如土地、河流、高山等，常被视为神灵的化身，不得加以侵犯；而非洲的斑马、水牛、大象等动物，在不同部落被视为图腾而禁止捕杀。这些人的心里往往并没有想到"保护"，但这些自我节制的传统却是永续利用环境和野生动植物的智慧。

台湾布农族打耳祭中的祭兽骨，便是表达对猎物的敬意，而打耳祭也是宣告狩猎期到此结束，让野生动物能休养生息。（摄影/黄丁盛）

 ## 保护生物学的兴起

近代保护运动的兴起，是人类发现自己有能力对自然造成很大的破坏，甚至可能危及自己的生活，因此有意识地呼吁自我节制。其实早在2,000多年前，孟子就提到"数罟不入洿池，鱼鳖不可胜食"，告诉大家不要用太细的网捕鱼，才有源源不绝的渔产。但到工业革命之后，人类进步的

古代中国人已懂得节制，以免自然万物受到无止尽的捕杀采伐，例如商朝的汤便劝阻张网捕猎的猎人要"网开一面"，而荀子也提到："草木荣华滋硕之时，则斧斤不入山林，不夭其生，不绝其长也"。（插画/刘俊男）

不要在春夏万物生长时入山砍伐，也不砍幼苗、小树。

只留一面网来捕捉猎物。

不用细网捕鱼，让小鱼可以继续生存。

素食主义者提倡不杀生，这也是一种自然保护的理念与实践。图为印度的纯素食餐馆。（图片提供/GFDL，摄影/John Hill）

技术让自然受到十分严重的威胁。所幸，科学的进步也让人有能力明白破坏自然的后果，并寻求改善之道。19世纪时自然保护渐渐受到广泛的重视；到了20世纪中期，"保护生物学"逐渐发展成一门独立的学科。它通过生态学与生物学，研究哪些生物与哪些环境需要加以保护、已经被破坏的自然栖息地该如何恢复，以及要如何挽救即将灭绝的物种等等。它也和法律、政治与经济结合，形成各种政策或法规来实践自然保护。

美国的国家公园之父

1838年诞生在英国的约翰·谬尔，11岁时随家人移民到美国。谬尔在大学毕业后，开始深入美国的荒野探险，在旅程中写作、画画，并自修生态和地质。

谬尔的一生都在提倡森林保护。图为谬尔（右）陪同美国总统罗斯福到约塞米蒂峡谷。（图片提供/维基百科）

在体验自然美景的同时，他看见人类逐步扩张时对自然的破坏，因而成为一位积极的自然保护倡导者。他在文章中传播尊重自然的观念，并呼吁成立自然保护区，在强调工业发展的19世纪，这些想法是相当前卫的。他的著作引起美国总统罗斯福的注意，因此当罗斯福到美国西部时，特别要求谬尔陪他到约塞米蒂峡谷露营。这次的会面，促成包括约塞米蒂在内的5个国家公园成立，也使谬尔在美国得到"国家公园之父"的尊称。

右图：设立保护区来保护受威胁的动植物，是各国从事自然保护的方式之一。图为印尼的米纳斯大象保护区。（图片提供/达志影像）

左图：非洲的犀牛在过去遭到严重猎杀，使得族群数目剩下不到2,000头，这也使得各国开始保护犀牛。图为世界自然基金会（WWF）在南非Kwa-Zulu Natal设立的黑犀牛保护区，预计在未来20年再野放15头黑犀牛。（图片提供/达志影像）

生物多样性的价值

（唯一生长在高原的黑颈鹤，图片提供/GFDL，摄影/Stavenn）

什么地方需要保护？哪些生物需要保护？"生物多样性"是探讨这些问题的重要指标。

多彩多姿的生命

自然界里有各式各样的生物和形形色色的环境，这些样貌多变的"程度"，就是生物多样性的概念。生物多样性中最常用的定义是"物种多样性"，这是指一个环境里生物种数丰富（多寡）的程度；例如墨西哥境内有293种蛇类，而面积是墨西哥5倍大的加拿大却只有22种蛇，可见墨西哥的蛇类多样性远比加拿大高。生物多样性还包括了"基因多样性"，如果某个物种的某个族群里，所有的个体都是近亲，彼此基因组成都很像，那么比起一个大

具有充足阳光和食物的珊瑚礁，是海域中生物多样性最丰富的区域。（图片提供/GFDL，摄影/Richard Ling）

家都各有特色的族群，前者的基因多样性就比较低。"生态系统多样性"是生物多样性的另一个重要项目，如果一个地区里包含很多种不同的自然环境，那么这个地区的生态系统多样性，就比环境一致的地区高。

热带雨林是陆域生物多样性最高的地方，图中是科学家在亚马孙雨林收集到的昆虫，还有更多物种有待我们认识。（图片提供/达志影像）

生物多样性热点

如果一个地区有特别高的生物多样性，科学家把这样的地方称作"生物多样性热点"，提醒大家关注该地的保护。世界性的生物多样性热点有34个；这些地区的特色是有1,500种以上的特有种维管束植物，但当地的自然环境只剩下不到30％。这34个热点只占地球陆地面积的2.3％，却包含地球上50％的植物、77％的陆生脊椎动物，而且地球上有42％的陆生脊椎动物只分布在这些地区中。许多国家也采用这个观念，发展出不同的准则，选出自己国内的生物多样性热点，作为优先推动保护的指标。

喜马拉雅山是生物多样性热点之一，这里的冰川是除了南北极外，地球上最大的淡水集中区。（图片提供/维基百科，摄影/NASA）

南非的Hoodia gordoni，以前的人会嚼食它来降低饥饿感，现在则提炼成减肥药。（图片提供/GFDL，摄影/Winfried Bruenken）

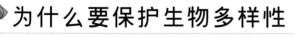

为什么要保护生物多样性

人类的生存和生物多样性息息相关，我们的粮食、药物和许多工业用原料，都来自于其他生物，我们必须保护这些资源，才能让后代子孙长久使用。

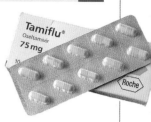

原本用于调味的八角（左），其中的莽草酸便是抗流感（右，对抗禽流感药品）的成分。（左：GFDL，摄影/Brian Arthur；右：维基百科）

人类至今所利用的生物，只是地球丰富物种中的一小部分，许多生物的潜在价值都还没有被测试过，这些物种就像未开发的宝库，应该妥善珍惜。另外，地球环境靠各个生态系统间复杂的交互作用来维持平衡，例如保护土壤、调节水文、稳定气候等，这些功能称为"生态系统服务"，是人类赖以存活的基础。除了这些和人类生存切身相关的理由，生命与自然景观的美好，也丰富了人类的文化、艺术、休闲生活等精神层面。

研究人员正在红树林间采集植物，希望找到药用或化妆品的新成分。（图片提供/达志影像）

生物资源的过度利用

（猎熊，图片提供/维基百科）

　　我们衣食住行所需的各项材料，许多都是取自于其他生物。当我们使用得太多，就会对它们造成危机。

恐鸟是新西兰大型但不能飞行的鸟类，它们的绝种和人类猎捕与森林开垦有关。图为被哈斯特鹰攻击的恐鸟。（图片提供/维基百科，绘制/John Megahan ）

 ## 被赶尽杀绝的生物

　　工业革命以来，世界人口急速增加，而且生活水准也相对提高，每个人所需要的东西愈来愈多；再加上技术的进步，使人类能够更轻易地猎捕或采集其他动植物，很多生物因此被不知节制的人类滥捕而走向灭绝。例如原本数量惊人的旅鸽，被抵达美洲的欧洲人大量猎捕作为食物，在1914年从地球上消失；遭到同样命运的还有恐鸟、巨狐猴、大海雀等。许多生物则是因为其他的利用价值而遭到杀害，如可以供应皮毛的貂与老虎、观赏用的野生兰与热带鸟类、被当成药材的犀牛角和装饰品的象牙等；也有一些如狼和熊等生物，因为被人类认为有害而赶尽杀绝。

人类为了满足口腹之欲，地上跑的、空中飞的、水里游的都可以吞下肚。图为老挝市场中所贩卖的野生动物。（摄影/黄丁盛）

各种生物都有天敌，但拥有现代武器的人类则是它们最大的敌人。图为17世纪时画家约阿希姆所画的猎人。（图片提供/维基百科）

逐步耗竭的海洋

浩瀚的海洋曾被认为是取之不尽、用之不竭的宝库，但在过去50年里，随着渔业科技突飞猛进，现代渔船的渔获量超过传统渔船1,000倍，使得这个宝库也几乎被掏空。秘鲁的海岸曾是世界最大的渔场，在1970年前后达到高峰，一天捕获的鳀鱼高达18万吨，但不出几年，鱼群数量骤减，渔业随之崩溃；英国的鲱鱼产量也在15年内剩下1/30，不只重创渔业，捕食鲱鱼的鳕鱼和海鸟族群也受到影响，因此促成整个北海地区6年的鲱鱼禁捕令。至于鲸等成长缓慢的生物，受到人类捕杀的冲击特别大，猎鲸活动已经将数种鲸带到灭绝的边缘。

人类的捕杀使鲸生存面临危机，虽然国际捕鲸协会自1986年禁止商业捕鲸，但私底下的捕鲸行为并未停止。（图片提供／GFDL，摄影／Polargeo）

面对各种生物数量下滑甚至灭绝，许多团体已经开始展开各种行动。在欧盟农业与渔业部长级会议召开时，WWF便在场外抗议开放捕捉鱼类配额等议题。（图片提供／达志影像）

好鱼指南

对海洋资源的关心，可以从自家的餐桌做起！成立于英国的海洋保护协会，调查许多种海产的族群现况和渔捞作业方式，并评估这些方式对生物族群和环境的影响，提出"好鱼指南"（Good Fish Guide），告诉消费者哪些海产可放心食用，哪些海产已过度捕捞，需要让它们休养生息。

其中最佳选择有蛤蜊、养殖的鲍鱼、加州与澳大利亚产的龙虾、养殖的或是太平洋出产的牡蛎、太平洋的鲑鱼和鳕鱼。次佳选择是玉黍螺、黄鳍金枪鱼、鲂鱼、青花鱼、有机养殖的鳟鱼、鲑鱼和鳕鱼、太平洋的比目鱼。至于避免食用的鱼种，则有大目金枪鱼、蓝鳍金枪鱼、鲨鱼、虹鱼、野生鲟鱼、大西洋的鲑鱼、鳕鱼和比目鱼。

鱼翅是鲨鱼的鳍，有些渔民割取鲨鱼鳍后，将没鳍的鲨鱼丢回海中，任凭其死亡。（图片提供／GFDL，摄影／Sun Tung Lok BOZZ）

栖息环境的破坏

（熊过马路，图片提供/维基百科）

对于生物多样性最大的威胁，并不是人类对特定生物的赶尽杀绝，而是我们将它们的家园抢走了。

人与自然争地

庞大的世界人口需要很大的地区来居住，还需要更大的土地面积作为工业区、农田、牧场、林场等等，以满足生活的各项需要。因此，热带雨

人类追求文明进步与生活便利时，往往有意无意间造成环境破坏。（插画/施佳芬）

人类砍伐森林作为耕地，这不仅破坏动植物栖息地，也会导致生态失衡。（图片提供/维基百科，摄影/Will Ellis）

林被放火烧掉改种油棕，沼泽湿地被排干水后变成农田，海岸被填高作为工业区，溪流被拦截建立水库。原本生活在这些地区的生物，只有极少数能适应这样剧烈又迅速的变化，绝大部分就从它们的家园消失了。其中，栖息地消失对生物的威胁又以热带雨林最为严重，这里的物种丰富，但许多生物的分布区域都相当局限，很多物种在我们还来不及认识它们之前，就随着热带雨林的砍伐而灭绝了。

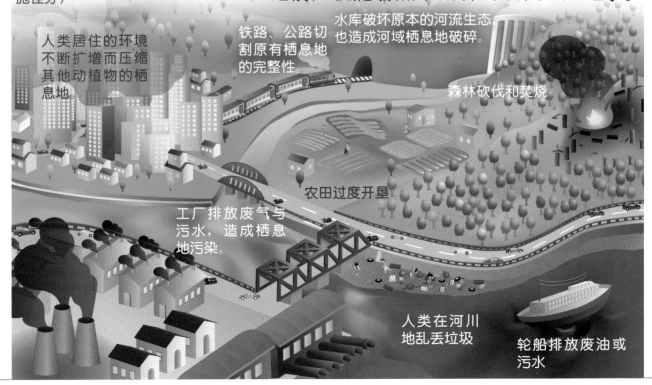

人类居住的环境不断扩增而压缩其他动植物的栖息地。

铁路、公路切割原有栖息地的完整性。

水库破坏原本的河流生态，也造成河域栖息地破碎。

森林砍伐和焚烧

农田过度开垦

工厂排放废气与污水，造成栖息地污染。

人类在河川地乱丢垃圾

轮船排放废油或污水

森林是地球的肺，但在人类过度开发下，林地面积迅速缩减。（图片提供/GFDL，摄影/Przykuta）

退化与破碎化的环境

除了直接占用，人类的许多作为也会破坏生物栖息环境的品质，间接造成生物灭绝。例如化学物质污染了河川，造成鱼类大量死亡；森林里高大的树木被砍伐了，猛禽找不到适当的树筑巢。另外，随着人类占用的环境愈来愈多，自然栖息地常被分割成一小块一小块的，这个现象叫作"栖息地破碎化"。许多像熊、狼等大型动物，需要大片连续的领土才能生存，无法适应破碎的环境；一些生性羞怯隐匿的动物，需要不受打扰的环境，因此也不会利用面积较小的栖息地；而许多小型动物无法越过人为的疆界，去和其他地区的同类交配、繁殖，就像是被圈在一个小小的孤岛上，灭绝的危机也大大提高。

消失的长江女神

白鳍豚是只生活在长江中下游的淡水鲸豚，天气将变坏时，白鳍豚总会在水面跳跃，像是提醒渔民回航，因此有"长江女神"的美称。然而，人们毫无节制的毒鱼、电鱼，不仅常误伤白鳍豚，也造成白鳍豚的食物匮乏；农药与工业废水严重污染长江水质，造成白鳍豚的生育能力下降。2006年底，中、美、英、德、日、瑞士6国组成考察队，历经25天、1,700千米的搜寻，都没有发现白鳍豚的踪迹。在长江生活2,000万年的白鳍豚，因环境破坏，可能成为第一种被人类消灭的鲸豚。

淇淇是中国第一条人工饲养的白鳍豚。图为2002年时研究人员帮淇淇体检与清洗，但淇淇后来也不幸死亡。（图片提供/达志影像）

人类制造过多垃圾，还将它们抛弃在河床上，除了造成河川污染外，也影响水流，常造成水患等严重灾害。（摄影/黄丁盛）

外来种的威胁

（造成美国树林大灾害的舞蛾幼虫，图片提供/维基百科，摄影/Brian Schack）

在交通发达的今天，人类频繁地往来于世界各地，许多生物也跟随人类的脚步四处开创新疆土，不过很多时候，它们却会为新环境带来浩劫。

美国驯化协会为了将莎士比亚作品中出现的鸟类引进北美，在1890年释放100只椋鸟于纽约中央公园，80年后它们扩散到整个北美，数量也多达1.2亿只。（图片提供/达志影像）

生态系统里的新居民

在自然情况下，某个地区原本没有的生物，却因为人类的活动而被带入，这些生物就成为该地区的"外来种"。有些外来种是人类刻意引进的，例如原长于美洲的马铃薯，成为欧洲重要的粮食作物；又如老家在中东的黄金鼠，被出口到世界各地作为宠物；但有时这些外来种则是不请自来的偷渡客，例如藏身货柜船的老鼠，又如附身在进口食品的病菌等。有些适应

力强的外来种，会逃脱人类的城市或农场，在野外大量繁殖，进而威胁当地的其他生物，这些外来种又称为"入侵种"。

喧宾夺主的外来骇客

外来种对原生种而言，是新来的挑战，有时还会破坏当地经过长久演化而平衡的生态系统。外来种常和原生种竞争当地的资源，例如北美的灰松鼠入侵英国，导致原生的红松鼠濒危。部分外来

宠物店贩卖着各种各样的"宠物"，但不管是主人弃养还是宠物自行逃脱，这些宠物已成为外来种的来源之一。（图片提供/达志影像）

种对原生种而言，也可能是它们从没面对过、不知如何防御的敌人，如原本被人类当作食用鱼的尖吻鲈，当它们被引入东非维多利亚湖时，竟然吃光

福寿螺被认为可食用而从阿根廷引进台湾地区，但因不好吃而被弃养，造成农业与生态的浩劫。图为福寿螺的卵。（图片提供/廖泰基工作室）

灰松鼠（右）最初是被当成宠物而引进英国，至今已有200万只，而原生的红松鼠（左）却只剩16万只。（图片提供/维基百科，摄影/右：Diliff、左：Julia.Krysztofiak）

不会飞的鹦鹉

　　新西兰原本是一个没有肉食哺乳动物的世界，因此演化出许多独一无二的生物。卡卡波（鸮鹦鹉）是世界上体重最重而且唯一不会飞的鹦鹉；当猫、老鼠、鼬鼠在19世纪随着欧洲移民抵达新西兰时，在地上筑巢的卡卡波逃不过这些捕食者，数量迅速衰减。1894年第一波保护行动展开，数百只卡卡波被送到峡湾国家公园中尚未被捕食者入侵的小岛，但6年后鼬鼠入侵该岛，摧毁了这个族群。20世纪70年代，人们一度以为卡卡波已经绝种了，直到探险队在被峭壁包围、外来种尚未抵达的冰川谷内重新发现它们。如今所有的卡卡波被保护在外来种已经被扑灭的4个小岛，每个巢都有人全天照料；虽然目前卡卡波不到100只，不过数量正在稳定增加中。

卡卡波目前在峡湾国家公园内受到妥善的保护。（图片提供/维基百科）

了湖中超过100种的慈鲷鱼。还有许多时候，扮演外来杀手的是微小的病原体，例如原产于亚洲的栗疫病菌，随着进口原木来到美洲，入侵了7,000万公顷缺乏抗体的美洲板栗，10种靠美洲板栗树为生的蛾也随之灭绝。

原本是美国森林中高层优势物种的美国栗树，受到栗疫病菌感染，使得它们在目前生态系统中的优势不再。（图片提供/达志影像）

如何设立保护区

（注意动物，图片提供/维基百科，摄影/Hossen27）

自然保护最直接的方法，就是划定一块地方，尽量不去打扰其中的自然环境与生物。

 ## 该在哪里设保护区

保护区的地点，通常选择在人类活动影响还很小的地方。如果一个地方的生物多样性很高，或居住着一些稀有的生物，或有别的地方所没有的独特物种，就是适合优先设立保护区的地点。例如巴西的亚马孙国家公园是为了

由南非和博茨瓦纳共同创立的哈拉哈迪跨国公园，是非洲第一个跨国性公园，用来保护剑羚，并让它们的活动可以不受国界的限制。（图片提供/GFDL，摄影/Gabriele Ferrazzi）

位于美国加州的红杉国家公园，是美国第二座国家公园，园内以高大的红杉为主。（图片提供/达志影像）

保护物种丰富的热带雨林，而美国的红杉国家公园则是为了保护世界最高大的树种。有些时候，原始的环境已经被人类改变，但长期的人类活动已经成为自然的一部分，形成具有特色的生态系统，这些地区也会加以保护。例如在德国易北河畔，数百年来的传统畜牧方式造成潮湿的短草原，是鸟类的重要栖息地，因此也设立保护区来维护这片环境与伴随的传统产业。

 ## 缓冲区与生态廊道

如果保护区的边界外紧接着就是人类活动频繁的环境，那么保护区的外

位于台湾新中横石山地区的猕猴天桥，让道路两旁的台湾猕猴可由此穿越。（图片提供/廖泰基工作室）

缘很容易受到人类或其他生物入侵，或是保护区内的动物可能误闯不合适的环境而送命，因此在理想情况下，保护区的外围应该还有一圈较自然的环境，称作"缓冲区"。

此外，一个保护区如果孤立在人为环境中，保护区内的生物无法和其他地区的同类交配繁殖，发生火灾等意外时也缺乏避难的空间，因此一个保护区和周围的保护区或自然环境间，最好能有带状的自然区域相连，扮演走廊功能，让生物传播、迁徙，这种设计称为"生态廊道"。

世界各国的保护区面积

　　每个国家的面积大小、人口密度、经济状况都不一样，因此设立保护区的限制也各不相同。不过，一个国家的保护区面积占国土面积的比例，可以作为这个国家的政府和人民关心自然保护的指标。世界上保护区比例排名前三名的国家，依序是委内瑞拉（34.2%）、不丹（29.6%）和德国（29.3%）。发达国家的保护区比例平均是6.3%，发展中国家是5.9%，差距不大；就区域而言，中东、北非和中美洲是保护区较少的地方，保护区的面积不到3%。

委内瑞拉是保护区比例最高的国家，卡奈马国家公园则是该国最大的保护区，其中的天使瀑布是世界上落差最大的瀑布。（图片提供/GFDL，摄影/Yosemite）

人类所修筑的铁路、公路，常将动物原有的栖息地切割，因此，在既有道路上搭建或挖掘供动物往来的"生态廊道"，可让动物安全穿越，避免车祸。左图为阿拉斯加某座生态廊道的示意图，灰熊和驯鹿群正在上面穿越。（插画/刘俊男）

多功能的国家公园

（南非克鲁格国家公园内的大象，图片提供/GFDL）

国家公园是大家最熟悉的一种保护区，它一方面保存美好的自然环境，一方面也欢迎人们造访，可以说是拥抱自然的最佳途径。

下图：黄石公园是全世界第一座国家公园，在北方入口大门上面写着："为了人民的利益和欣赏"。（图片提供/GFDL，摄影/Daniel Mayer）

国家公园的起源

在过去封建制度的时代，被"保护"的土地几乎都是皇帝、贵族或富豪的私有财产，只供他们自己游乐或打猎。一直到19世纪，封建制度逐渐解体，一些欧洲的作家、艺术家和博物学

南美洲智利的Lauca国家公园，园内有圆锥形火山以及高原湖泊地形，还有成群的野生羊驼。（图片提供/维基百科，摄影/mtchm）

家首先注意到，某些地方的自然景观相当优美，应该由国家来照顾、保护，并且让所有的人民都能分享，丰富大家的精神

世界第一座国家公园

面积将近9,000平方公里的美国黄石国家公园，是世界上最早的国家公园。这里最大的特色是火山景观，包括形形色色的火山口、喷气口、泥火山、热泉等等，其中最著名的就是"老忠实间歇泉"，它大约每90分钟会喷发一次，水柱高达50米，十分壮观。黄石国家公园里还有广阔的森林与草原，以丰富的大型野生动物闻名于世。这里有稀有的灰熊和猞猁，还有黑熊、美洲狮、郊狼、美洲野牛、大角鹿和叉角羚等。在20世纪30年代被猎杀殆尽的灰狼，也在20世纪90年代成功地从加拿大引进，使得这里成为北半球温带地区最完整的生态系统。

黄石公园内有许多温泉，例如会随着水温变换颜色的牵牛花池（Morning Glory Pool），便是著名的观光景点。（图片提供/维基百科）

生活。这个理念首先在美国被实践，1872年黄石国家公园成立，成为世界第一个国家公园。此后，世界各国纷纷跟进，将具有特殊景观、生态或地质地形的地方，规划为国家公园，至今全世界总共已有将近1,000个。

格陵兰国家公园的面积广达97万平方公里，是世界面积最大的国家公园，图中研究人员准备在园区内进行气象研究。（图片提供/GFDL，摄影/Erik）

国家公园的使命

在国家公园里，政府一方面必须限制人为的开发与破坏，让自然环境和生活其间的生物都受到长期的保护；一方面，也要规划游憩设施，如道路、步道、餐饮休息区等，并提供解说服务，让人们不但能够很方便地亲

在国家公园内要遵守园区的规定，才能将眼前的美景继续保留下去。图为新西兰WESTLAND国家公园内，禁止喂食啄羊鹦鹉的告示牌。（图片提供/达志影像）

近自然，同时也能够深入认识这片环境。国家公园担负保护、研究、教育、游憩等多重任务，必须十分审慎地经营管理来维持平衡。因此，一个国家公园里往往会进一步分区，进行不同重点的规划，如以保护及研究为主的生态保护区，强调特殊风景的特别景观区，以及适合发展野外教育与娱乐活动的游憩区等。

下图：除了自然景观，国家公园园区中的各种动植物也是保护的对象。图为尼泊尔的哲云国家公园，保护濒临绝种的独角犀牛。（摄影/黄丁盛）

单元 8

荒野与生物圈保护区

（美国加州的约翰·谬尔荒野，图片提供/维基百科）

除了提供游憩的国家公园，保护区还有其他多种类型，有的是以纯粹保护为目的的荒野，有的则是把人类生活融入其中的生物圈保护区。

澳大利亚的塔斯马尼亚荒野，以高山植被和温带雨林为特色，1982年被列入世界遗产名录。（图片提供/维基百科，摄影/Joern Brauns）

 ## 给生物不受打扰的家

在世界自然保护联盟的分类里，等级最高的保护区，称作"严格保护区"，或是"荒野"。这必须是一大片面积辽阔且人迹罕至的地方，严格禁止人类的开发与干扰，只有审慎规划并通过核准的科学研究可以进行。荒野保护区的目的，是让生物社会完全依循自然的法则兴替，而生态

系统里的各种机制也能在人类影响最小的情况下运作。这一类的保护区，除了表现"把自然留给自然"的精神，同时也提供科学家探究自然界原貌的机会。著名的荒野保护区有美国阿拉斯加的诺阿塔克保护区、澳大利亚的塔斯马尼亚荒野等地。

左为美国的阿尔卑斯湖区荒野告示牌，是美国最大的荒野。（图片提供/维基百科）

跨越丹麦、荷兰、德国的瓦登海（Wadden Sea）生物圈保护区，是世界第二大湿地，也是绵延最长的潮间湿地，由丹、荷、德一起管理。（图片提供/达志影像）

人与自然共荣共存

相对于没有被人开垦过的荒野，有些保护区

却是设在人类已经生活很久的地方。如果当地居民长久以来的生活方式已经和自然环境达成平衡，而且该地的生态系统很有特色，或是生物具有多样性，这类地方也值得加以保护。这类保护区的理念是把人类视为生态系统的一部分，主要有联合国教育科学文化组织倡议的"生物圈保护区"，或是世界自然保护联盟分类下的"资源管理保护区"。例如乌克兰的喀尔巴阡山保护区，除了保存高山的生态系统，也包括了1,000多年来生活在其中的牧羊部落；墨西哥的安克鲁西亚达保护区，则结合了传统的渔业生活和湿地保护。

法国南部隆河三角洲的卡马尔格生物圈保护区，以前是野马和野牛的栖息地，现在则是红鹤、白鹭的保护区。（图片提供/GFDL，摄影/Alex brollo）

多瑙河三角洲生物圈保护区

　　贯穿中欧的蓝色多瑙河在注入黑海之前，大量的泥沙在河口沉积，在罗马尼亚与乌克兰的边境形成广大的三角洲。人类在这里已经生活了几千年，大部分的居民以传统的独木舟捕鱼为生，并有小规模的农业与放牧。由于人类的活动始终和自然保持平衡，使得这片水乡泽国成为300种以上的鸟类和45种淡水鱼的家，每年有数百万计的鸟在此繁殖，并吸引大量游客，为当地带来可观的观光收入。1998年，62万公顷的多瑙河三角洲成为联合国生物圈保护区之一，由罗马尼亚与乌克兰两国共同管理。

多瑙河三角洲。（图片提供/维基百科）

多瑙河三角洲上的渔民，世代都以独木舟捕鱼为生，形成特殊的文化。（图片提供/维基百科）

移地保护

（福山植物园内的台湾萍蓬草，摄影/巫红霏）

如果某一种生物在自然环境里正受到严重的生存威胁，而造成威胁的原因又一时没有办法解除，那么我们可以把它们带到安全的地方去保护，这就是"移地保护"。

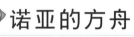 ## 诺亚的方舟

在几千年前，人类就有搜集和保存动植物的想法。从巴比伦的空中花园、中国皇帝的御花园到欧洲贵族的猎苑，都可说是动植物园的前身。动植

只住在刚果中部低地雨林中的小黑猩猩，在栖息地遭破坏及非法猎捕下，数量不到1.5万头。当地政府已设立保护区。（图片提供/达志影像）

物园最初的目的，只是搜集珍禽异兽、奇花异草以供观赏，但人们因此有机会就近研究它们的习性，也学会繁殖各种动植物的技术。当一种生物在野外的族群受到威胁时，这些保存在避难所里的个体就可能成为延续该物种的命脉。除了动植物园，人们也可以将整群受威胁的生物，从不安全的环境移进受保护区域；或采集大量植物种子，保存在种子库里。

移地保护的限制

移地保护常常在危急情况下发挥关键性的效用，但通常花费高昂而且困难重重。例如在迁移生物的过程中，许多个体常受到伤害，这对数量已经稀少的

由挪威政府筹划、位于北极圈斯匹次卑尔根岛永久冻土带上的"世界末日粮仓"，号称是世界最安全的种子银行。这是为了当地球遭遇核战、自然或气候等灾难时，人类还能利用这些种子重新繁殖。（图片提供/达志影像）

斯里兰卡的拉登尼亚植物园，园内有4,000多种植物，是世界上最好的热带植物园之一。（摄影/黄丁盛）

族群，可能是致命一击；而迁到安全地方的个体，对于新环境能否适应，也是一大考验。至于保存在动植物园里的生物，通常数量很少，没有办法维持野外族群里丰富的基因变异。另外，还有些生物可能缺乏特殊的环境刺激、缺乏共生的物种，或是由于群聚结构改变，就是无法在人工环境里顺利繁殖。这就必须依赖人工的组织培养、胚胎移植、基因复制等新技术,才能顺利培育出下一代。

左图：加拿大的研究人员替太平洋鲑鱼孵卵，借以提升鱼群数量。（图片提供/达志影像）

右图：猎豹受到人类滥捕，总数只剩1万多头，解决人工环境下猎豹不易受孕与繁殖的问题，是研究人员努力的课题。图为德国汉诺威动物园新生的猎豹。（图片提供/达志影像）

冷冻动物园

美国的圣地亚哥动物园里，有一个独特的部门，这里保存着700多种的"动物"，从稀有的大熊猫到巨大的灰鲸，全都住在一个个小塑料瓶中，用液态氮保存在-196℃的低温里。原来装在这些瓶子中的是各种动物的精子、卵子、卵母细胞或是早期的胚胎，这就是"冷冻动物园"（Frozen Zoo）。这种保存方式，除了节省空间以及方便运输外，还可以配合其他技术，来提高稀有物种的数量。例如科学家曾经将爪哇野牛的基因植入乳牛的卵内，让乳牛作为代理孕母，用来繁殖濒危的爪哇野牛。

科学的进步对动物的复育有很大贡献，例如美国科学家曾用冷冻20多年的爪哇野牛皮肤细胞，成功克隆出两头爪哇野牛。（图片提供/GFDL，摄影/Rau1654）

栖息地复育

（河川复育，图片提供/维基百科，摄影/Kenwilliams）

如果一个地方的自然环境已经被破坏了，人类还是可以试着努力去修补它，这就是"栖息地复育"。

森林复育

森林生长在气候温和、雨量充沛的地方，生物多样性丰富，却也是最早被人类开垦的对象。大量的森林被转变成农田，或是为了供应木材而被砍伐一空，不但原来的生物社会荡然无存，在许多地区也会严重影响到当地居民的生活。尽管自16世纪以来，林业的经营者逐渐有造林的观念，但大多是以经济利益为导向，只种植生长快速的特定树种，而且常常是外来种，使得许多当地的生物都无法适应。过去50年来，几乎世界各国都开始进行森林复

栖息地复育除了保留动物的栖息地之外，种植当地生物食用的植物，也是栖息地复育的工作之一。图为墨西哥农场内种植的 oyamel，可供蝴蝶食用。（图片提供/达志影像）

育，光秃的土地被重新植上树苗，而被外来种占据的人造林，则逐步被当地原生的树种取代。

溪流与湿地复育

从小溪的石岸到河川下游的泛滥区，都是生物的重要生活空间，所以要帮溪流生物重建家园，主要的工作是要杜绝污染、减除拦沙坝等人为破坏。例如过去兴建的水泥堤岸，可以在复育的理念下逐步拆除，或是采用较符合生态原则的"生态工程"；而一些被排水、填土而消失的湿地，则可以重新开挖，并种回属于

巴西境内靠近大西洋的雨林，近来受到严重的砍伐，使得图中这种鸟（Mitu mitu）失去了栖息地。巴西政府希望能够复原这片林地。（图片提供/达志影像）

吃巧克力也能保护湿地

白鹳因栖息地遭受破坏，目前数量正在减少中。（图片提供/维基百科，摄影/Aka）

位于中欧的易北河，下游的泛滥平原本来是白鹳的重要栖息地，但由于兴建堤防与排水系统，白鹳的生活空间逐步被剥夺。德国最大的巧克力公司之一——奥古斯特·史托克（August Storck）公司，基于公司名称和白鹳（Stork）同音的因缘，在1992年成立了"白鹳基金会"，致力于湿地复育。在白鹳基金会的推动下，部分堤防被拆除了，使河岸恢复湿地草原的景观。该基金会还劝导农民以传统乳牛取代牛奶产量高但是只吃牧草的新品种乳牛，让草原上的植物有更高的多样性，而史托克公司再以较高的价格收购这些牛奶，以补偿农民损失。经过十几年的努力，除了白鹳，这里也成为秧鸡、灰鹤和雁鸭的天堂。

当地的植物。然而，不管是哪一种栖息地的复育，所需要的时间与金钱，都是破坏它时的许多倍，而且很多时候还无法完全恢复原本的状态。成功的栖息地复育工作，必须对当地自然生态有详尽的了解，并具备相应的工程技术知识，因此衍生出一个新的学科，叫作"复育生态学"。

河流上常见的水库、拦沙坝，常造成河川栖息地破碎化，兴建鱼道则可让上下游的鱼通过这些人工障碍。（图片提供/维基百科，摄影/Kinori）

动手做鸟巢

利用我们的巧手，做出一个鸟巢，让我们常常能够欣赏到小鸟美丽的身影。

准备材料：报纸、碎纸条、棉绳、透明胶带、瓦楞纸板、纸盒、刀片、水彩笔、锥子、丙烯颜料。

1. 把方形盒子一面切割成门，并于门上挖出一个小圆形。
2. 粘贴倾斜的屋顶，并将屋顶涂上咖啡色。

3. 将报纸塑成小鸟的造型，并用颜料上色；另将碎纸条卷绕固定成圈状，当作鸟巢。

4. 在两侧各钻1个小孔，将棉绳穿过，悬挂起来。

（制作/杨雅婷）

让生物回家

（用加州秃鹰造型的手套喂食雏鹰，图片提供/维基百科）

无论是移地保护还是栖息地复育，最终的目的都是希望各种生物能够回到属于它们的家园，在自然环境里长久生存。

研究员准备利用高鸣鹤的模型来喂食幼鸟，并教导幼鸟求生技术，以便让这种濒危的高鸣鹤能顺利回到大自然。（图片提供/达志影像）

物种再引入的考量

如果一种生物因为某些因素从它的生活环境消失了，当造成威胁的因素解除后，例如栖息地的品质获得改善或是盗猎已被遏止时，我们可以将人工繁殖饲养的个体放回原来的地方，重建野外的族群。这个让生物回家的过程，叫作"物种复育"或是"再引入"。进行再引入前，一定要确认该物种过去曾经生存这个地方，否则反而可能破坏该地的生态；同时，必须确定过去造成威胁的人为因素已经消失，才适合进行再引入。另外，重新放回野外的个体最好是来自原来的族群，不然也要尽可能来自血缘相近的族群，才能最适当地融入这个环境。

红狼在20世纪70年代曾因皮毛买卖或遭猎杀而面临灭绝。美国的北卡罗来纳州于1989年再引入红狼，今已超过50只。（图片提供/达志影像）

困难重重的再引入过程

自然和人工的环境差异很大，因此再引入计划会随着复育物种和环境的差别，面临不同的挑战。以动物来说，有些物种必须经过学习，才知道什么可以吃，以及觅食的方法，因此野放前必须先让它们熟悉当地的食物。此外，人工饲养的动物也往往不知道什么是天敌，以及该如何逃避。例如德国的松鸡复育，就因逃不过狐狸捕食而失败。有社会结构的群居性动物，最好整群圈养并一起释放。至于植物，则需要有传播花粉和种子的适当媒介作配合。有时一些动物可能因从小被人饲养而习惯人类环境，因此在野放后产生新的冲突，例如欧洲再引入的棕熊因为多次入侵农舍，最后遭到被猎杀的命运。

委内瑞拉Aguaro国家公园的人正将207条奥里诺科鳄放入河中，希望能增加族群数量。（图片提供/达志影像）

1986年回到江苏大丰的麋鹿，2002年在野外产下幼鹿，成为真正的野生麋鹿。图为江苏大丰保护区。（图片提供/达志影像）

1979年消失于英国的大蓝蝶，经过保护人士再引入之后，目前数量约达到7,000只，算是成功的再引入案例。（图片提供/维基百科，摄影/Hubner, Jacob）

重返中国的麋鹿

俗称"四不像"的麋鹿，是中国特有的珍稀动物，但是由于人为捕杀和长年的战乱，野生麋鹿竟在19世纪末消失了。不过有一些麋鹿在八国联军攻破北京后被带到欧洲，当时的英国贝德福特公爵高价买下18头，养在他私人的庄园"乌邦寺"里，成为世上唯一的"四不像"种群。1986年，世界自然基金会（WWF）从英国挑选了39头麋鹿送给中国，中国林业部特地在江苏大丰成立了麋鹿保护区来放养。消失100多年的麋鹿又回到祖先的土地上，顺利在野外生长繁殖，到了2005年，中国的麋鹿数量已经增加到2,500头左右。

北京南海子麋鹿苑的贝德福特公爵雕像。当初他在英国饲养的18头麋鹿，1983年已有255头。（图片提供/GFDL，摄影/Shizhao）

自然保护面临的难题

（蝴蝶标本，图片提供/达志影像）

自然保护虽然重要，但在推动某项保护措施的时候，却可能让某些人的权利或利益受损，这也变成推动自然保护过程中的难题。

马告公园的设立，是为了抢救栖兰桧木林，以及保护北台湾最完整的台湾扁柏原始林，但公园的法令却剥夺世居在此的泰雅族生存与工作权。
（图片提供/达志影像）

保护与经济的冲突

保护工作最常遇到的阻力，通常是来自与经济发展的冲突。例如限制鱼类的捕捞量，对于恢复鱼类族群十分重要，但可能影响到渔民生计；一块

图为印尼Bantimurung自然保护区外贩卖蝴蝶标本的摊位，保护区内有115种蝴蝶，但盗捉问题仍相当严重。（图片提供/达志影像）

湿地划作保护区而不开发成工业区，可以造福水鸟，却可能妨碍邻近村镇的就业机会。有些时候，这些冲突不是经济上的，而是精神与文化层面，例如禁猎的规定，可能压抑了当地部落的传统文化。怎么做最好，这需要经过周详的考量来制定均衡的政策。发达国家通常有较多的资源来制定补偿措施或配套方法，人民一般也有较高的环境意识，愿意配合保护工作；然而在较贫穷的国家，人们在生存边缘挣扎，经济发展的迫切性较高，自然保护就经常被牺牲了。

热带雨林保护的挑战

在自然保护与经济发展的冲突中，最激烈也受到最多国际关注的是热带

生物勘探税

要让发展中国家分享自然保护的经济利益，其中一个方法是发达国家的企业要去热带国家利用生物多样性来开发新产品时，

许多药厂在各地寻找新植物来制药，通过生物勘探税则让药厂能回馈给当地。（图片提供/达志影像）

地主国有权利抽税，这就是"生物勘探税"制度。例如美国的梅尔克制药厂派遣研究人员到哥斯达黎加去采集植物时，就和该国政府签约，如果从这些植物中开发出有价值的新药，这些收益有一部分将归于哥斯达黎加政府，而哥国政府必须将这些钱中的固定比例用于自然保护。瑞士奇华顿香精公司从马达加斯加的动植物中，萃取出40种具有商业价值的香精，这些收益也将回馈于当地的自然保护与社区发展。

雨林的问题。热带雨林里居住着世界一半以上的物种，而且这些高大浓密的森林贮存了大量的碳元素，因此雨林的保护对生物多样性和温室效应都十分关键。

然而，大部分的热带国家也是最贫穷的国家，在许多地方，野生动物是主要的肉食来源，因此很难禁止狩猎。此外，更大的威胁是来自大面积的森林砍伐，因为无论是出口木材，还是改种咖啡、甘蔗等经济作物，都是这些缺乏工业国家的重要收入。保护热带雨林，受益的是全人类，但如果因而让这些国家的人承受贫穷，并不公平。如何让热带国家能在雨林保护的同时，又能发展经济，这是国际社会重要的自然保护议题。

由于种植咖啡、油棕等经济作物能带来较多收益，使得亚马孙雨林面积日渐缩减。（图片提供/达志影像）

保护无国界

（易危等级的跳岩企鹅，图片提供/维基百科，摄影/Stan Shebs）

生物多样性的破坏是全人类共同的灾难，而且保护问题经常牵涉国际间的贸易，因此需要有国际性的保护组织和公约，来推动各国的交流与合作。

IUCN的宗旨在于影响及协助全球各地，保护自然的完整性与多样性，以及规划生态上的永续发展等。图为位于瑞士格兰德的总部。（图片提供/GFDL，摄影/Erich Iseli）

著名的跨国保护组织

世界最大的保护组织"世界自然保护联盟"（IUCN），成立于1948年，总部设在瑞士的格兰德，由全球100多个政府单位、800多个非政府组织和约1万名专家及科学家组成。IUCN之内有不同的委员会，有的负责制定濒危物种的名录，有的推动保护区的成立，有的专门发展相关法律，有的则研究政策和经济的问题，可以说是一个全方位的自然保护机构。另外，鉴于保护工作需要大量的人力与金钱，"世界自然基金会"（WWF）于1961年创立，为世界各地的保护工作募集资金。WWF最初只偏重于挽救濒危的动植物，如今则扩展到各种自然资源的利用和环境污染等问题。

WWF除了拯救濒危的生物，对于地球整体环境议题也相当关注。图为WWF人员在瑞士苏黎世以行动剧抗议当地的银行、保险业和电信业者在纸张使用上过度浪费。（图片提供/达志影像）

重要的国际公约

许多动植物被大量捕杀或滥采，原因是这些生物可以卖得很高的价钱，因此IUCN会员国在1963年起草《濒危野生动植物种国际贸易公约》

（CITES），用来管理国际间动植物的买卖；这份公约是在美国首都华盛顿签署的，所以又叫作《华盛顿公约》。这份公约里收录大约5,000种动物和28,000种植物，依照受威胁程度分成三个等级，愈濒危的生物就愈严格限制其买卖。除了管制国际间的交易，每个国家也必须做好自己国内的保护工作，在1992年联合国的地球高峰会中，通过《生物多样性公约》，所有签约的国家都必须制订计划来保护该国境内的动植物，并且促进国际间技术和资金的交流。

WWF的研究人员正在巴布亚新几内亚，调查当地水池内的植物生态。（图片提供/达志影像）

IUCN的Red List《红皮书》

灭绝 / Extinct (EX)
该物种的最后一只个体已死。

野外灭绝 / Extinct in the Wild (EW)
该物种只生存于人类养殖、囚禁下，或者已归化为另一物种。

极危 / Critically Endangered (CR)
该野生物种即将面临非常高的绝种危机。

濒危 / Endangered (EN)
该野生物种不久后将有很高的绝种危机。

易危 / Vulnerable (VU)
该野生物种在未来会有高的绝种危机。

近危 / Near Threatened (NT)
该物种目前未受威胁，但在不久后将会受到威胁。

无危 / Least Concern (LC)
该物种的数目多而广，受威胁的程度未达近危。

数据缺乏 / Data Deficient (DD)

未评估 / Not Evaluated (NE)

IUCN依据动植物的濒危程度，制订了"红皮书"，里面共分为9级。从左到右分别是极危（CR）的红狼、濒危（EN）的丹顶鹤、易危（VU）的亚洲象。（图片提供/维基百科，丹顶鹤摄影/Wilfried Berns）

血缘最接近人的黑猩猩，也难逃人类的猎捕。（图片提供/GFDL，摄影/Andrzej Barabasz）

黑猩猩可以买卖吗

　　《华盛顿公约》有三章附录，分别列出需要不同程度贸易管制的动植物名单。附录一是极可能因贸易而灭绝的物种，这类物种通常禁止在国际间买卖；附录二的物种虽然还没有紧迫的灭绝威胁，但必须管制买卖数量作为保障；附录三则包括其他地方性的保护类动植物，进行区域性的贸易管制。以血缘和人类最接近的黑猩猩为例，它们曾在非洲被大量捕捉，卖到先进国家的研究室里进行医药试验。1977年黑猩猩被列入CITES的附录一，从此野生黑猩猩禁止进出口。不过许多盗猎者与商人仍然钻CITES的漏洞，将野外捕捉的黑猩猩冒充成人工饲养的个体出口；黑猩猩在非洲各国境内仍被当作野味贩卖，这也是CITES鞭长莫及之处。

与自然和谐相处

(生态建筑：台北市图书馆北投分馆，摄影/张君豪)

自然保护并不只是亡羊补牢的工作，它更是追求人类与自然之间和谐的互动方式，让我们与所有生物都能长久一起分享这个星球。

生物资源的永续利用

保护并不表示不能取用野生动植物，而是要小心谨慎、有所节制地使用。在合适的环境中，所有的生物族群都有成长繁殖的能力，如果我们对该物种的族群数量和生态习性有足够的了解，让消耗的数量不超过该族群自我补充的能力，就能够维持长久的平衡，达到"永续利用"。此外，美丽的自然风光和丰富的野生动植物，能够用来发展观光业，这是对自然资源的另一种利用方式，也是"生态旅游"的基础。例如哥斯达黎加自20世纪80年代停止对森林的滥伐，而以"热带雨林天堂"为号召

生态旅游让人类用摄影代替猎枪，让自然万物能继续生存下去。（摄影／黄丁盛）

当我们进到国家公园或自然环境中，要遵守规定，才能维护这片好山好水。（摄影/张君豪）

来发展生态旅游，如今观光业已成为国家的主要外汇来源，当地人民也更重视自然保护。

在生态工程兴起之后，许多溪流整治不再只是兴建堤防，而是改用石块、木材等天然材料，重新塑造出溪流的生命力。（摄影／张君豪）

顺应自然的生态工程

无论是建造适合人类生活的环境，还是进行自然栖息地复育，人类的世界里少不了各项工程建设。近代的施工方式大多依赖钢筋水泥，并使用重型机械，对环境破坏很大。自20世纪60年代开

生态住宅

生态工法并不只是用于政府的工程，近年来欧美兴起一股"生态住宅"风，强调住宅的能源使用尽可能自给自足，例如使用太阳能、利用雨水等，可以减少兴建大规模电厂、水库等；使用空心砖铺设路面，则可减少对水文循环和土壤中生物社会的干扰；利用木材、石头等天然的建材，并用原生的花草树木来绿化庭园，让住宅和自然环境融为一体，不仅当地的小动物容易找到合适的栖所和食物，也降低外来种破坏生态的机会。一些国家还以补助金或减税优惠来鼓励大家兴建生态住宅。

利用木材、植被来整治山区边坡，取代以往整片覆盖水泥的方法，让山能继续保持"呼吸"。（摄影/张君豪）

始，"生态工程"观念逐渐萌芽；这是以保护为重的工程方法，工程从设计、材料选择、施工方式到日后维修，都能与当地生态环境融合。例如建造河堤时，除了在安全考虑下使用钢筋水泥外，可以多利用石块、网沙袋等天然材料，并在堤面栽种植物，以及预留凹槽提供生物栖息的空间等。许多生态工程的措施就是以前"就地取材"的精神，再加上周详的设计，不仅能维护当地的生物多样性，长久而言也是最具经济效益的做法。

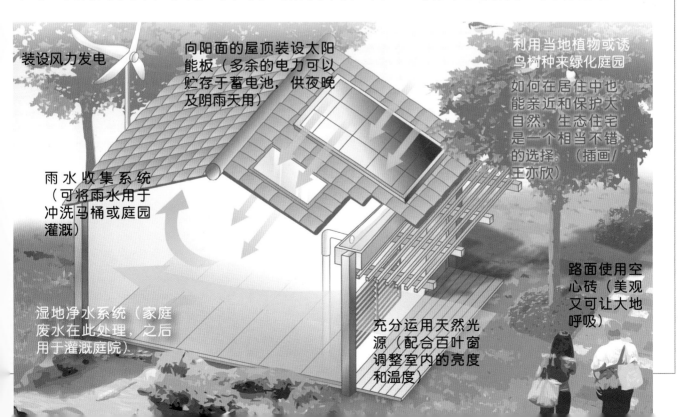

装设风力发电

向阳面的屋顶装设太阳能板（多余的电力可以贮存于蓄电池，供夜晚及阴雨天用）

利用当地植物或诱鸟树种来绿化庭园

如何在居住中也能亲近和保护大自然，生态住宅是一个相当不错的选择。（插画/王亦欣）

雨水收集系统（可将雨水用于冲洗马桶或庭园灌溉）

湿地净水系统（家庭废水在此处理，之后用于灌溉庭院）

充分运用天然光源（配合百叶窗调整室内的亮度和温度）

路面使用空心砖（美观又可让大地呼吸）

英语关键词

自然保护	nature conservation
保护生物学	conservation biology
永续利用	sustainable usage
过度利用	overexploitation
生物多样性	biodiversity
基因多样性	genetic diversity
物种多样性	species diversity
生态系统多样性	ecosystem diversity

生物多样性热点
biodiversity hotspot

灭绝	extinction
旅鸽	passenger pigeon
恐鸟	moa
巨狐猴	megaladapis
大海雀	great auk
白鳍豚	baiji

栖息地破坏　habitat destruction

栖息地破碎化　habitat fragmenta...

砍伐森林	deforestation
原生种	native species
外来种	introduced species
入侵种	invasive species
濒危物种	endangered species
尖吻鲈	nile perch
慈鲷鱼	cichlid
卡卡波	kakapo
国家公园	national park
保护区	protected areas
自然保护区	nature reserve
缓冲区	buffer zone
荒野	wilderness
生物圈保护区	biosphere reser...
约翰·谬尔	John Muir

黄石国家公园　Yellowstone national park

约塞米蒂 Yosemite

诺阿塔克保护区
Noatak national preserve

塔斯马尼亚荒野
Tasmanian wilderness

喀尔巴阡山保护区 Carpathian biosphere reserve

安克鲁西亚达保护区 La Encrucijada biosphere reserve

多瑙河三角洲 Danube delta

原地保护 in-situ conservation

移地保护 ex-situ conservation

动物园 zoo

植物园 botanical garden

种子库 seed bank

组织培养 tissue culture

胚胎 embryo

克隆体 clone

栖息地复育 habitat restoration

生态廊道 ecological corridor

野生动物跨越道
wildlife crossing

鱼道 fish ladder

物种再引入 species reintroduction

世界自然保护联盟 World Conservation Union / IUCN

世界自然基金会 World Wide Fund for Nature / WWF

红皮书 Red list

濒危野生动植物种国际贸易公约
Convention on International Trade in Endangered Species of Wild Fauna and Flora / CITES

生物多样性公约 Convention on Biological Diversity

生态 ecology

生态旅游 ecological tourism / ecotourism

生态工程 ecological engineering / eco-engineering

新视野学习单

1 关于生物的多样性，下列哪些叙述是正确的？（多选）

（　）热带雨林的物种多样性比沙漠地区高。

（　）"基因多样性"也是生物多样性的项目之一。

（　）人类可依靠科技来合成食物，不需要依赖自然界的动植物。

（　）生物多样性愈高愈好，所以应该积极引进其他地区的生物。

（答案在第08—09页）

2 连连看：左边这些保护问题，是哪一类原因造成的？

过度利用・　　　　・热带雨林被砍伐，狐猴无家可归

　　　　　　　　　・美丽的野生兰花被采光了

栖息地破坏・　　　・入侵新西兰的猫、老鼠几乎让卡卡波灭绝

　　　　　　　　　・农药污染溪流，鱼儿都消失了

外来种的危害・　　・许多犀牛被猎杀取角，犀牛族群受到威胁

（答案在第10—15页）

3 关于外来种的叙述，哪些是正确的？（多选）

（　）外来种未必都是有害，有些可应用在粮食作物或园艺。

（　）只有大型的肉食动物才是会造成问题的外来种。

（　）放生未必是功德，可能造成外来种入侵，危害更多生物。

（　）出国旅行时可采集国外植物的种子带回家种，并没有关系。

（答案在第14—15页）

1

4 关于保护区的叙述，请将正确的打○，错误的打×。

（　）保护区通常设在生物多样性高，或生物组成有特色的地方。

（　）"缓冲区"的设计是帮助动物在不同保护区之间迁徙。

（　）各类型的保护区里都不可以有人类居住。

（　）在"荒野"保护区内，人类应该发挥垦荒精神，积极开垦。

（答案在第16—17、20—21页）

5 关于国家公园的叙述，哪个是"错误"的？（单选）

（　）世界第一座国家公园是美国的黄石公园。

（　）国家公园是保护当地的生物多样性。

（　）国家公园必须栽植世界各地的植物，让大家认识。

（　）到国家公园内不可以任意采集植物。

（答案在第18—19页）

6 关于移地保护的叙述，哪些是正确的呢？（多选）
（　）以前皇宫贵族的御花园、猎苑，就是要保护濒危的动植物。
（　）"冷冻动物园"就是将动物的胚胎、精子、卵子收集起来。
（　）种子银行是把许多植物的种子收集起来，以备日后的需要。
（　）动物园除了让人观赏动物，就没有其他功用了！
（答案在第22—23页）

7 连连看：右边这些行动，是属于哪一类的保护措施？
　　　　　　　　　　　·拆除拦沙坝以便鱼类洄游
移地保护·　　　　　·重建湿地，让水鸟栖息
栖息地复育·　　　　·将稀有植物栽培在植物园里
物种再引入·　　　　·将圈养的梅花鹿野放回自然环境
（答案在第22—27页）

8 关于物种的复育与再引入，下列哪些行动是合适的？（多选）
（　）猎杀大象、取象牙并没关系，因为动物园里还有大象，随时可以再繁殖。
（　）袋鼠好可爱，所以我们应该尝试在台湾野放袋鼠。
（　）英国的鱼鹰曾经因为环境污染而濒临灭绝，如今环境改善了，因此可以再引入鱼鹰。
（　）台湾云豹如今十分稀有，可考虑引入猎豹来维持生态平衡。
（答案在第22—27页）

9 关于保护组织与公约的叙述，请将正确的打○，错误的打×。
（　）IUCN是世界最大也是最重要的保护组织。
（　）CITES是关于保护区管理的国际公约。
（　）《红皮书》上的濒危物种名单，是由WWF负责制订的。
（　）《生物多样性公约》是要签约国制订计划，保护国内生物。
（答案在第30—31页）

10 人类也是自然的一部分，要怎么和自然和谐相处呢？（多选）
（　）为了保护，人类不准再取用野生动植物。
（　）可善用当地的自然风光和动植物资源，发展"生态旅游"。
（　）各项建设只要考虑到人类的需要，不用配合周遭的环境。
（　）生态住宅是一种配合自然环境的居住方式，既环保又能节约能源。
（答案在第32—33页）

这里有30个有意思的问题，请你沿着格子前进，找出答案，你将会有意想不到的惊喜哦！

开始！

中国古代有哪些自然保护的观念？
P.06

自然保护只是保护濒危的生物？
P.08

什么多样

国家公园有哪些功能？
P.19

没人住的"荒野"有什么重要性？
P.20

"世界末日粮仓"有什么作用？
P.22

太棒赢金牌

哪里是世界最大的国家公园？
P.19

什么是《华盛顿公约》？
P.31

什么是《红皮书》？
P.31

生态住宅有什么特色？
P.33

世界第一座国家公园何时成立？
P.19

世界最大的保护组织是哪个？
P.30

什么是"生物勘探税"？
P.29

颁洲

太厉害了，非洲金牌也是你的。

什么是"生态廊道"？
P.17

为什么保护区外围还要再设缓冲区？
P.17

哪个国家的保护区面积比例最高？
P.17

新西波绝？

物
点"？

为什么人类的捕杀对鲸的影响特别严重？　P.11

鱼翅是怎么来的？　P.11

不错哦，你已前进5格。送你一块亚洲金牌。

洲

什么是"冷冻动物园"？　P.23

"鱼道"对鱼儿有什么帮助？　P.25

什么是"好鱼指南"？　P.11

太好了！
你是不是觉得：
Open a Book！
Open the World！

哪家巧克力公司致力于保护白鹳的栖息地？　P.25

铁路、公路对动物栖息地有什么影响？　P.12

"长江女神"是指哪种动物？　P.13

洋
。

为什么有人反对自然保护？　P.28

"四不像"是如何回到中国老家的？　P.27

外来种的椋鸟是如何引进美国的？　P.14

卡灭

什么是入侵种？　P.14

获得欧洲金牌一枚，请继续加油。

我们饲养的宠物会成为外来种吗？　P.14

图书在版编目（CIP）数据

自然保护与国家公园：大字版 / 白梅玲撰文．—北京：中国盲文出版社，2014.5

（新视野学习百科；32）

ISBN 978-7-5002-5076-0

Ⅰ．①自… Ⅱ．①白… Ⅲ．① 自然保护区—世界—青少年读物

Ⅳ．① S759.9-49

中国版本图书馆 CIP 数据核字 (2014) 第 084671 号

原出版者：暢談國際文化事業股份有限公司

著作权合同登记号 图字：01-2014-2111 号

自然保护与国家公园

撰　　文：白梅玲

审　　订：郭城孟

责任编辑：候　娜

出版发行：中国盲文出版社

社　　址：北京市西城区太平街甲 6 号

邮政编码：100050

印　　刷：北京盛通印刷股份有限公司

经　　销：新华书店

开　　本：889×1194　1/16

字　　数：33 千字

印　　张：2.5

版　　次：2014 年 12 月第 1 版　2014 年 12 月第 1 次印刷

书　　号：ISBN 978-7-5002-5076-0/S·29

定　　价：16.00 元

销售热线：(010) 83190288 83190292　　　　　　版权所有　侵权必究

绿色印刷　保护环境　爱护健康

亲爱的读者朋友：

　　本书已入选"北京市绿色印刷工程—优秀出版物绿色印刷示范项目"。它采用绿色印刷标准印制，在封底印有"绿色印刷产品"标志。

　　按照国家环境标准（HJ2503-2011）《环境标志产品技术要求 印刷 第一部分：平版印刷》，本书选用环保型纸张、油墨、胶水等原辅材料，生产过程注重节能减排，印刷产品符合人体健康要求。

　　选择绿色印刷图书，畅享环保健康阅读！

北京市绿色印刷工程